JN078924

数学の無限

カントールの無限を超えて

山本 泉二

東京図書出版

は じ め に

　この本は‘カントールの超現集合論が間違っている事を示す’、という無謀な内容であるから、胡散臭いと思われる方が多いに違いない。そこで、こんな本を書く背景をまず説明したい。

　僕は大学では数学を専攻したが、その頃にある友人から言われた言葉がある。彼は多分忘れていると思うが、僕の中には何故かずっと残っている。それは「数学など直接役に立たないので、年をとってから趣味でやればいいのに」といった内容であった。反論はいくらでもあったが、数学は一人で考えるもので、講義などは出なくていいと、遊んでばかりいた僕は反論する気になれずにいた。

　卒業してある会社に就職したが、学生時代に怠惰の限りを尽くしていたので、どんな仕事であれ、面白くて、夢中で仕事に没頭した。ただ何時かは数学を考えたいな、という気持ちは残っていたようで、ブルバキの『数学原論』を購入したり、数学とは何かといった話題には興味を持っていた。

　還暦近くになってきた頃から、多少気持ちに余裕が出来てきたので、数学関係の読本を漁って濫読をはじめた。何冊か読んでみると、現代の数学は当たり前であるが、予備知識の量が半端ではない事に気づかされた。本来怠け者の僕としては、出来るだけ予備知識が少なくて済む分野と考えて数論を

選んでみた。ところが初等整数論は、あまり体系的ではないように感じられ、深いところに進むと、代数的整数論とか、代数幾何学とか、いろいろな分野に広がっている事が分かってくる。フェルマーの定理の証明がその典型かもしれないが、これは駄目だと思い知らされた。

　次に興味を持ったのはガロアの数学で、彼はなぜあんな理論を思いついたのか、を考えてみたくなった。数学とは演繹の学問だと言われることが多いが、僕は逆であると思っている。つまり、まず結果をイメージし、そのイメージにいろいろな手を使って達する論理を考える。この論理が出来ると、それを整理して、きれいな論理体系が出来上がる。後から勉強する人はなかなかその最初のイメージを見つけることが出来ない。逆に言えば、イメージすることが出来れば理解しやすいものだと思う。数学の教科書も実は、きれいに作られた論理体系で説明されていることが多い。まず公理があり、定義があり、幾つかの定理が証明され、その結果ある命題が正しいとされる、といった順番に書かれていることが多い。

　理解し易くするのであれば、まず命題のイメージを明確にし、その為にはどのような事が言えなければいけないか、つまりどの定理が必要になるか、を言ってその定理を証明する、といった流れにする事であろう。然しながらこのような書き方では冗長度が大きくなりそうである。だが、入門書はこのような書き方をして欲しいと思う。そういえば僕が買った『数学原論』は完全に演繹的に書かれた本であり、到底読

む本ではないと僕には思われる。

　話がそれたが、ガロアがどのようにイメージしたかは、まだ理解できていないが、感覚的には少し分かったような気がしている。ガロア関連の本を読んでいると、その少し後の時代に出てきた、カントールやデデキントなどの話が面白くなり、特に無限に関する興味が大きくなってきた。無限に関する本を読んでいるうちに、学生時代に何となくというより、得意気に理解したと思っていた、幾つかの無限に関する命題が、どうしても納得し難くなってきたのである。幸いこの分野は必要となる基礎知識が少ない。これを徹底的に考えてみようと思ったのが、このような無謀な本を書いてみようと考えた発端である。

　まず集合論を勉強しようと思い、購入したのが寺澤順氏の『現代集合論の探検』で、その後、赤攝也氏の『集合論入門』やマックレーンの『数学・その形式と機能』、カントールの『超限集合論』などを読んでみた。『数学原論』はちょっと拾い読みした程度である。更にデデキントの『数とは何か　そして何であるべきか』など、集合と無限や数に関する読本をかなり読んだ。また、キューネンの『数学基礎論講義』、ゲーデルの不完全性定理の解説本など基礎論関連も少し読んでみた。

　紆余曲折はあったが、たどり着いたのがこの無限集合に関する考察である。この考察は数学的な証明としては未熟であ

ると思うが、結論としては正しいと信じている。僕としては
この結果を誰かが数学にしてくれればいいと考えていたが、
学問の世界はどうやらそんなに簡単な世界ではなさそうであ
る。かといって、僕も先が長くないし、今から数学の論文を
書けるとは思えない。そこで思いついたのが、本を書いてみ
ようという事であった。

　この本は2部構成とし、第1部では不思議だと思われる二
つの命題に対しての考察。第2部ではもう少し数学的に、集
合の定義、公理的集合論との関連などを通して、無限集合を
構成的に定義する。

　数学の専門家も数学好きな方も、まず第1部の命題を真面
目に読んでいただきたい。ここで興味を持たれた方は、是非
最後まで読んで新しい無限集合論を完成させていただきた
い。

目　次

はじめに 1

第1部 7

プロローグ（カントールの無限）..................................... 7

自然数と偶数は同じ数だけ存在する 9

実数の集合の濃度は自然数の集合の濃度より大きい 19

第2部 27

自然数と集合 29

自然数と無限 42

自然数の無限の系列 52

自然数の集合Nの特殊性 56

おわりに 74

補足　集合論の基本的な定義、定理 79

プロローグ（カントールの無限）

　全ての自然数よりも大きな数が存在する。この仮定がカントールの無限を作り出している。自然数は限りなく大きくなっていく。この全ての自然数よりも大きな数を想像することは簡単ではない。例えば 1 cm の長さの線分を継ぎ足していくと、何処までも長い線分が出来るが、この線分は半直線のように果てがないと思える。果てがないと仮定すれば、数学の無限は存在しない。つまり、空間には果てがなく、有限の世界になる。有限といっても果てがないので何処までも空間が広がっているが、無限にはならない。無限という日本語は限りが無いという意味であり、この意味では空間が無限に広がっている。同じように自然数は無限に大きくなる。然しながら自然数は全て有限であり、無限の自然数は存在しない。

　全ての自然数よりも大きな数が存在すると仮定すれば、有限の空間は閉じていて、有限の空間の外に、あるいは有限の空間を含んだ状態で、無限の空間が存在することになる。数学は、全ての自然数よりも大きな数が実際に存在するか否かは問題にしていない。存在を仮定すると、無限の世界がどのようになるかを考察しているのである。

数学はカントールの無限を基礎として、無限を克服したと、ほとんどの数学者は思っている。カントール自身は連続体仮説を証明できずにいたので、完成したとは考えていなかったであろうが、ゲーデルやコーエンによりこの命題は証明できないという証明が為され、これが免罪符のようになり、無限は克服されたと考えられているようだ。

　また、ラッセルのパラドックスにより、集合論の危機が生じたが、これも公理の工夫で何となく解決されたように見える。このような状況で、数学は無限を克服したと本当に言えるのであろうか？

　第1部では、カントールの無限の問題点で、本質的な解釈の誤りが最も分かり易く、また不思議であると感じる、次の二つの命題に関して考察を行うことにする。

　　自然数と偶数は同じ数だけ存在する

　　実数の集合の濃度は自然数の集合の濃度より大きい（対角線論法）

自然数と偶数は同じ数だけ存在する

　カントールは、集合Aと集合Bの要素が1対1対応すれば、AとBは濃度（大きさ）が等しいとした。集合が有限であれば、集合の大きさは要素の個数で示すことが出来るが、全ての自然数の集合Nのように有限ではない集合の濃度は、要素の個数を自然数では示すことが出来ない。この1対1対応とは、集合Aから集合Bへの全単射の関数[*1]が存在することである。

　上記の命題の証明は簡単で、Nを全ての自然数の集合、Gを全ての偶数の集合として、NからGへの関数で $f(n) = 2n$ $(n \in N)$ とすれば、関数 f は全単射である。従ってNの濃度とGの濃度は同じである。即ち、全ての自然数と、その部分である全ての偶数は、同じ個数存在する。

　　N = { 0、1、2、3、……}
　　G = { 0、2、4、6、……}

　然しながら、この証明はGをNの部分集合とすると、間違いである。

　部分集合の時、$G \subset N$ であり、$f : N \to G$ は、Nからそれ自身への関数になる。

　即ち、$n \in N$、$f(n) \in N$、である。このとき、関数の定義から f は $(n$、$f(n))$ という順序組の集合となる。n が定義

域Nの要素であり、$f(n)$ が値域Nの要素となる。

　$n < f(n) \in$ Nであり、n はNの全ての要素に対応できない。何故なら、どのような n に対しても、Nには必ず n よりも大きな $f(n)$ が存在するからである*2。即ち、この関数 f の定義域はNの要素の全てではなくNの真部分集合であり、f はNからGへの全単射の関数ではなく、Nの真部分集合からGへの全単射の関数になる。従って、Gの濃度はNの真部分集合の濃度と同じであり、Nの濃度とは同じであると言えない。

　一般にNからそれ自身への関数 f で、$n < f(n)$ であると、この関数は全単射ではない。

　$f(n) = n+1$ とすると、この関数も $n < f(n)$ であるから、$2n$ と同じように f をNからそれ自身への関数とすれば、f の定義域はNではなく、f は全単射ではない。従って、Nの真部分集合である集合 {1、2、3、……} の濃度は、Nの濃度と同じではない。

　このとき、n には必ず、n よりも大きな $f(n) = n+1$ という一つの自然数が存在するので、この関数の定義域はNから一つの自然数を除いた集合になる。この一つの自然数を0に対応させると、Nからそれ自身への全単射の関数になる。

　ここで、Nの要素の個数に関して考察すると、これは 1 ＋ 1 ＋ 1 ＋……と限りなく大きくなっていくが、この和は自然

数である[*3]。従って、N の要素の個数の上限が ω [*4]になる。即ち、全ての自然数の上限が ω であることは、自然数の個数の上限も ω であるといえる。そもそも自然数は、集合の大きさである要素の個数を抽象化しているのであるから、自然数の上限というのは、個数の上限を意味する。

　偶数の部分集合も、部分集合 {１、２、３、……} も N の要素とは１対１対応しないが、要素の個数はいずれも限りなく大きくなっていく。従って、これらの部分集合の要素の個数の上限はやはり ω になる。n の上限が ω であれば、$n-1$ も $n/2$ も上限は ω になるのである。

　また、N から１個の自然数を除いても N と１対１対応にならないので、N から自身の真部分集合への１対１対応は出来ないことになり、真部分集合の要素の個数は、N の要素の個数よりも小である。これは何個かの自然数を除いているのであるから、当然のことである。然しながら、最大要素が存在しない真部分集合の要素の個数は、限りなく大きくなり、上限は同じ ω になる。

　まとめると、自然数の個数とその部分である偶数の個数の比は２対１であり、全ての自然数を対象にしたとき、個数の比率は変わらないが、個数の上限は同じ ω になる。

　一般に、N から自身の真部分集合への関数は全単射ではないので、真部分集合の大きさは N の大きさよりも小であるが、N の濃度 ω は要素の個数の上限であり、最大要素が存

在しないＮの真部分集合の濃度は、個数の上限としてωである（第２部で考察しているが、ωは無限集合としての濃度であり、有限集合の濃度で比較すれば、真部分集合の濃度はＮよりも小さい）。

　ＧがＮの部分集合ではないとすると、ＮからＧへの関数 $f(n) = 2n$ は全単射の関数になる。ＧがＮの部分集合ではないというのは、Ｇの要素はＮの要素ではないという事である。この意味はＮの要素の偶数と、Ｇの要素の偶数は同じ数ではなく、自然数の定義が異なるという事である。関数 $f : Ｎ \rightarrow Ｇ$ は、（n、$f(n)$）という順序組の集合になるが、ＧがＮの部分集合でなければ、$n \in Ｎ$、$f(n) \in Ｇ$ であり、$Ｇ \subset Ｎ$ ではないので、$f(n)$ はＮの要素ではない。従って、n はＮの全ての要素に対応することが出来、この順序組の集合は定義域がＮで値域がＧの全単射関数になる。

　Ｇの要素がＮの要素ではないというのは、Ｇ＝{ ０、２、４、６、……} を自然数 m の集合Ｍの部分集合としたとき、自然数 n の集合Ｎとの関係は、$m = 1$ のとき、$n = 1/2$ である。従って、自然数 n の単位を１とすれば、自然数 m は単位1/2の自然数になる。逆に m の単位を１とすれば、n は単位２の自然数になる。即ち、自然数 n はＭの要素２個を１と見做した自然数になる。いずれにしても n と m とは異なる自然数であり、n の偶数と m の偶数は異なる数にな

る。２個の要素を一つと見做して、自然数で抽象化すると、
モノを数えるときに２個単位で数えることになり、10個の
要素を１と見做せば、これは10個単位で数えることであり、
単位を自由に変えたりすることが出来る。

　自然数の定義が異なる、あるいは異なる自然数というの
は、自然数が集合の要素を抽象化することが出来るからであ
る。自然数には序数と個数という二つの性質があり、個数は
ある集まりの大きさ、即ち集合の大きさを抽象化し、序数は
集合の要素の抽象化（一つの要素を、一つの自然数とする）
である。個数には大小があるので、要素の順序を決めること
が出来る。これが序数である（序数の順序を無視すれば、単
に一つのモノを自然数で抽象化できる。例えば背番号や製品
番号などは単にモノの識別のために自然数が使われていて、
順序は特に意味がない）。

　集合の要素は自然数で抽象化することが可能であり、Ｎの
部分集合Ｇの要素も自然数で抽象化することが出来る。こ
のような抽象化をすると、最大要素が存在しない部分集合
（個数の上限が ω である部分集合）は全てＮとなり、濃度は
Ｎと同じであるといえる。但し、このときこの部分集合Ｇ
の要素は元の自然数とは異なる自然数になるので、Ｎの部分
集合とは言えない。

この命題の拡張として、‘有理数とその部分である自然数は、同じ個数存在する’、というのがある。これも同じであり、有理数の部分としての自然数の個数は、有理数の個数よりもかなり少ない。然しながら、その個数の上限は同じであり、有理数を自然数に置き換える（抽象化する）ことが出来る。置き換えた自然数と、有理数の部分としての自然数は同じ数ではない。また、その個数の上限はいずれも ω である。

　自然数と偶数のように、全体とその部分が同じであるという命題は、幾何には線分上の点がその部分の線分上の点と同じだけ存在するという命題がある。この命題の問題点は線分を幅の無い点の集合と考えていることである。長さの無い点をどんなに集めても決して線分にはならない。即ち、線分は点の集合ではなく、長さのある線分の集合である。同様に平面は線分の集合ではなく面積を持った平面の集合である。また、３次元の物体は体積のある立体の集合である。これは昔からある‘点とは何か’という疑問そのものであり、別途考察をまとめたいと考えている。

　ヒルベルトは、点や線はテーブルでも椅子でもよく、公理として性質が定義されていればよい、としたが、数学は現実にあるモノを抽象化しているのである。点や線の性質で、本質的な性質を抽象しているから、現実の問題に数学が使えるのであり、全くの無から構築されているのではないと考える。もちろん点や線などの本質的な性質から構築された数学

のモデルが、思いもかけないような現実の問題に適用される
こともあり、このような展開が数学の本質であり、面白いと
ころではないかと考える。

注釈

＊1　全単射の関数

集合論での関数の定義

定義　集合 X から集合 Y への関数 f

　集合 X から集合 Y への関数 f とは、順序組の作るある集合 S ⊆ X×Y であって、各 x ∈ X に対し、第一成分が x であるような順序組（x、y）が S の中にちょうど1つ存在するようなもののことをいう。この順序組（x、y）の第二成分（y ∈ Y）を関数 f の x での値と呼び、$y = f(x)$ と書く。X を f の定義域、Y を値域と呼ぶ。

　ここで定義している関数は、X の任意の x に対して一つの y が決まる関数であり、所謂多価関数は扱わない。

　関数 f、g は X を定義域、Y を値域とする。

　関数が等しい、即ち $f = g$ とは、任意の x ∈ X に対して、$f(x) = g(x)$ である。

　関数 f が単射（1対1）とは、異なる x ∈ X に対して、異なる $f(x)$ が対応する事である。

　関数 f が全射とは、どの y ∈ Y にも必ず $f(x) = y$ となるような x が存在する事である。

　関数 f が全単射（1対1対応）とは、f が全射であり、かつ単射である事である。

順序組の定義

　順序組は集合の積集合から定義される。

　$A \times B = \{(a、b) : a \in A、b \in B\}$

　$(a、b)$ を順序組とする。

　順序組の定義は a と b から作られた順序のある組であり、次の性質を満たす。

　$(a、b) = (a'、b') \Leftrightarrow a = a'$ かつ $b = b'$ とする。

＊2　順序組 $(n、f(n))$

　一つの集合Ｎから二つの要素を取り出して、$(n、2n)$ のような順序組を作るとき、n がＮの全ての要素に対応できないことは、逆関数を考えると分かり易いかもしれない。ＧからＮへの関数で、$G \subset N$ であるから、この順序組は $(2n、n)$ になる。このとき $2n > n$ であるから、n はＮの全ての要素に対応しない。即ち、逆関数は全射ではない。

　また、n をＮの全ての要素に対応させると、全ての自然数よりも大きな自然数が存在しない限り、$(n、2n)$ のような順序組は出来ないことになる。

　$(n、2n)$ の場合、n よりも大きな自然数が $n+1$ から $2n$ まで、n 個の自然数が必要である。即ち、Ｎからその半分の個数（正確には $n+1$ に対して n であるから、半分よりも少ないが、n を大きくすれば、ほとんど半分である）の自然数を除いた集合がこの関数の定義域になるという事である。

＊3　集合の要素の個数

　自然数の定義として $n = \{\, 0 \text{、} 1 \text{、} 2 \text{、} \cdots\cdots \text{、} n\text{-}1 \,\}$ とする。集合 n と集合 X の間に全単射の関数が存在するとき、集合 X と集合 n の濃度が等しいという。このとき、自然数 n を集合 X 及び集合 n の要素の個数とする。$n = 1 + 1 + \cdots\cdots + 1$、でこの 1 は n 個である。

　集合 N の要素の個数は自然数では表すことが出来ないが、この要素の個数は $1 + 1 + \cdots\cdots$、と自然数の数だけ加えた数になる。この和は全ての自然数の数だけ加えることになるが、最大の自然数が存在しないので、限りなく大きくなっていく。これは自然数が限りなく大きくなっていくからであり、どのように大きくなっても自然数である。従って、ω を全ての自然数の上限だとすると、N の要素の個数の上限も ω になるのである。

＊4　ω

　自然数 n の定義を、$n = \{\, 0 \text{、} 1 \text{、} 2 \text{、} \cdots\cdots \text{、} n\text{-}1 \,\}$ としたときに ω を全ての自然数の集合として定義する。$\omega = \{\, 0 \text{、} 1 \text{、} 2 \text{、} \cdots\cdots \,\} =$ N であり、ω は全ての自然数の上限（全ての自然数よりも大きな数で、その最小の数）になる。

実数の集合の濃度は自然数の集合の濃度より大きい

この命題の証明には、10進小数を使った対角線論法が使用されるが、この証明は数学愛好者たちの間で議論が沸騰することが多い。専門家にとっては変に反論したりすると火に油を注ぐ事態になりかねないので、議論に参加しないようにしているのではないかと思われる。このような状況になるのは、この証明が間違っているからである。

何が間違っているかというと、小数の桁数は幾らでも大きくなるが、自然数であるから有限であり、小数で表すことが出来る数は、10進小数であれば、10のべき乗を分母とする有理数になるからである。循環したり、限りなく続いている小数は、10のべき乗を分母とする有理数の列と考えることが出来る。この有理数の列が、2と5以外の素因数を持つ分母の有理数や、無理数に収束するのであり、その有理数や無理数は10のべき乗を分母とした有理数の列には存在しないので、10進小数ではないのである。

$1/3$、$\sqrt{2}$、π、e、などの数は10進小数では表現できない数であるが、10進小数の収束先になるのである。

例えば、1/3は10進小数では、0.3333……、となるが、この小数を10進小数の列と考えると、次のような有理数の列が出来る。

0.3（3/10）

0.33（33/100）

0.333（333/1000）

……

0.333……3（n 個の 3）（333……3$/10^n$）

……

　この列は桁数の自然数 n に対応して、限りなく続いていくが、自然数は全て有限数であり、無限数 ω になることはない。従って、この列には無限桁（ω 桁）の小数は存在しない。また、この列は限りなく続いていくが、333……3$/10^n$ であり、1/3 になることはない。この有理数の列は1/3に収束するのである。

　10進小数は10のべき乗を分母とする有理数であるから、全ての10進小数の集合は可算無限集合であり、この濃度は ω になる。従って、10進小数を使った対角線論法は実数の濃度の証明には使えない。

　上記の説明で納得していただけると思うが、10進小数を使った対角線論法には、他にも大きな問題がある。

▫ 10進法による対角線論法
　10進小数が可算であれば、それはリスト S_0、S_1、S_2、……

のように並べることが出来る。

10進小数、$S_n = \sum_{k \in \mathbb{N}} (b_{n,k} \times 10^{-k-1})$; $b_{n,k} = 0$、……、9、
$n \in \mathbb{N}$

S_0 $0.b_{0,0}\ b_{0,1}\ b_{0,2}\ b_{0,3}\ b_{0,4}$……

S_1 $0.b_{1,0}\ b_{1,1}\ b_{1,2}\ b_{1,3}\ b_{1,4}$……

S_2 $0.b_{2,0}\ b_{2,1}\ b_{2,2}\ b_{2,3}\ b_{2,4}$……

S_3 $0.b_{3,0}\ b_{3,1}\ b_{3,2}\ b_{3,3}\ b_{3,4}$……

    ……

このリストで $k = n$ である $b_{n,n}$ に対して $d_n \neq b_{n,n}$ となる d_n で小数を作ると $S_x = 0.d_0\ d_1\ d_2\ d_3$…… となるが、この小数 S_x は、リスト上のどの小数 S_n とも異なるので、10進小数の集合は可算ではない。

これが対角線論法であるが、問題は $b_{n,k}$ の最初の n と次の k が異なる集合に対してつけられた自然数であることである。n は10進小数の全てに自然数を対応させることが出来たと仮定して、S_n としているが、k は10進小数の桁数に自然数 k を対応させたものである。

解り易くするために 3 桁の10進小数で考えてみる。

3 桁の10進小数は 10^3 個存在するので、この小数をある順序で並べると、1000個の小数が並ぶ。S_n の n は 0 から 999

までの自然数である。これに対して、k は 0、1、2 の 3 個である。

$S_0 = 0.b_{0,0}\ b_{0,1}\ b_{0,2}$

$S_1 = 0.b_{1,0}\ b_{1,1}\ b_{1,2}$

$S_2 = 0.b_{2,0}\ b_{2,1}\ b_{2,2}$

$S_3 = 0.b_{3,0}\ b_{3,1}\ b_{3,2}$

……

$S_{999} = 0.b_{999,0}\ b_{999,1}\ b_{999,2}$

S_k を $n = k$ とした 10 進小数とすると、対角線上の b を取り出した小数は $0.b_{0,0}\ b_{1,1}\ b_{2,2}$ で、$S_x = 0.d_0\ d_1\ d_2$ を $d_k \neq b_{k,k}$ であるようにすると、S_x は S_0、S_1、S_2 ではないが、S_n の残りの 997 個のなかには存在する。即ち、桁数が有限であると、対角線論法は成り立たないのである。

S_k を $n = 10^k$ とした 10 進小数とすると、対角線上の b を集めた小数は $0.b_{1,0}\ b_{10,1}\ b_{100,2}$ で、$S_x = 0.d_0\ d_1\ d_2$ を $d_k \neq b_{n,k}$ とすると、S_x は S_k の中には存在しないが、S_n の中に存在する。これも同じように対角線論法が成り立たない。

いずれにしても、桁数が任意の自然数 k であれば、10^k 個の 10 進小数が存在し、S_k の集合は S_n の集合の真部分集合である。S_x は S_k の集合の要素にはならないが、S_n の集合の要素である。

このように k が自然数であれば、明らかに対角線論法は成り立たないのに、何故、無限になると成り立つといえるのか？

これは n と k が 1 対 1 対応するとしているからである。一つの k に対して一つの n が対応すれば、対角線論法は成り立つ。n と k はどちらも自然数であるから当然 1 対 1 対応する。従って、S_n を S_k とすることが出来る。k が可算無限個存在すれば、n も同じ数だけ存在する。従って、3 桁の 10 進小数は 1000 個存在するが、可算無限桁の小数が同じ可算無限個存在するのであれば S_k と S_n は同じ数存在するから、S_x が S_n の中に存在しない、即ち、対角線論法が成り立ち、10 進小数は可算無限ではないことになる。

然しながら、n と k の関係は、k に対して n は 10^k 個存在する。n と k を同じ自然数だとすれば、k は 10^k である。S_k の集合と S_n の集合が、同じ可算無限集合であっても、S_k の集合は S_n の集合の真部分集合である。従って、S_n の集合の要素で S_k の集合の要素ではない 10 進小数が必ず存在し、S_k のどれとも異なるからといって、S_n の列の中に存在しないとは言えないのである。10^k を自然数 k とすることは、10^k の集合の要素を自然数 k で抽象化したことになる。従って、対角線論法は成立しないのである。

以上で 10 進小数を使った対角線論法が、実数の集合の濃

度に関して無意味であることを示したが、実数の集合の濃度は何かに関しては、解決していない。そもそも実数とは何かを明確にしなければならない。

　この対角線論法では、無限桁の10進小数を実数としている。10進小数は有限桁であるから、この収束先を含めて実数とするというのも、定義の一つとして考えられる。10進小数の収束のイメージを考えてみる。

　$1/10^n$ と $2/10^n$ の間に $1/10^n$ の隙間があり、n をどのように大きくしてもこの隙間が無くなることはなく、隙間は存在し、この隙間に一つの数を決めて、収束先の数とするのである。

　$33……3/10^n$ と $33……4/10^n$ の間には、$1/10^n$ の隙間があり、この隙間は n をどのように大きくしても存在する。10進小数が $1/3$ に収束するというのは、$1/3$ は n をどのように大きくしても、この隙間にあるからである。この隙間は n が大きくなれば狭くなるが、無くなることはない。そこでこの狭くなっていく隙間に一つの数を定義すると、その数が収束先という事になる。

　この収束先は10進小数の一つに対して必ず一つ存在することになる。何故なら、どんな10進小数にも必ず次の小数が存在し、その間に必ず一つの収束先が存在するからである。従って、収束先を含む10進小数の個数は、10のべき乗を分母とする有理数の2倍となり、個数の上限は ω であり、

この集合は可算無限集合になる。

$1/10^n$ を 1 とすれば、元の 1 は 10^n となり、n 桁の 10 進小数を自然数に置き換えることが出来る。n をどんなに大きくしても、10 進小数は自然数に置き換えることが出来、10 進数の自然数になる。従って、n を大きくしたときに $1/10^n$ の隙間が必ずできるのは、自然数の単位 1 をどのようにでも小さく出来る事であり、自然数と次の自然数との間には必ず隙間があることと同じである。

現在の実数の定義としては、デデキントの切断が定着しているが、これは有理数の切断によって一つの実数が定義されるとしている。この定義も有理数と次の有理数の間に隙間があり、その隙間に一つの数が定義されるので、10 進小数と同じで、一つの有理数に必ず一つの実数（無理数）が定義され、実数は有理数の 2 倍になる。即ち、デデキントの切断でも実数の濃度は可算無限になるという事である。

上記の二つの定義では 10 進小数にも有理数にも必ず隙間があるが、隙間があれば、一つと言わず幾つでも数を定義できるはずである。然しながら、それぞれの隙間に有限個の数を定義しても、全体の数の濃度は可算無限である。数を有限に（自然数で）分割することでは、可算無限よりも大きな無限は作ることは出来ない。また、実数の集合が可算無限であれば、当然ながら複素数の集合も可算無限になる。

カントールは対角線論法を思い付く前に、区間縮小法のようなテクニックを用いた証明をしている。この証明は実数の集合を連続体と定義していると考えられる。

　然しながら、集合の要素は一つのモノであり、基本的に連続である線分のようなモノを、集合として定義しようとすると、この要素は単位となる長さを持つ線分である。この単位を決めない限り、集合は作れないのである。自然数はこの要素を抽象化しているので、この場合、単位 1 の長さを持った線分を自然数として、元の線分を自然数の集合として抽象化することが出来るのである。単位を決めるというのは、連続的な大きさの解像度を決めて、その大きさを数で表すのである。即ち、集合の要素も数も離散的であり、連続体という概念の集合は存在しないという事である。数学は連続という概念を、極限や収束という概念及び、微分や積分を導入することで、克服してきたのである。

第2部

　この考察をまとめたのは、カントールの無限に対して疑問を持ち、問題点を発見し、その解決が出来たからである。第1部では、不思議だと思われている命題に関して、間違いを示したが、第2部では、数学の無限を構成してみた。不十分な点は多々あると思うが、どなたか数学として完成させていただけるとありがたい。

　無限は何処か神秘的であり、哲学でも考察の対象になっていて、形而上学的無限、可能無限、実無限などいろいろな考察が為されている。カントールの無限の概念は、その後公理化されて集合論で完成したとされている。これが数学の無限であるが、この無限は一つの仮定、'全ての自然数よりも大きな数が存在する'から定義されている。この仮定は非常にシンプルであり、理解しやすいが、自然数とは何かという考察から始めなければならない。自然数の定義は集合で定義されている。従って、次のような構成で考察をまとめることにした。

　前提となる知識は必要がないと言いたいが、集合論の知識が少しでもあれば、理解いただけると思う。

自然数と集合

　自然数と集合の性質をまとめながら、その関係を考察する。

自然数と無限

　カントールの無限に関する問題点を指摘し、新しい無限の構成を行う。

自然数の無限の系列

　無限の定義から、その結果出てくる無限の限りない姿を示す。

自然数の集合Ｎの特殊性

　集合Ｎは、この存在を仮定することによって無限が構成される、もっとも重要な集合である。現在の集合論の、この集合に関する考察で、第１部の命題の他に、間違っている証明を幾つか示す。

自然数と集合

　自然数に 0 を含むか否かは決めておく必要がある。数論などでは、1、2、3、……が自然数と呼ばれることが多いが、集合論では 0 を含むとしている。自然数の集合を N とするとき、現在の数学では N が 0 を含むか否かを、予め決めることになっている。このような状況は専門家にとっては当然かもしれないが、数学の基本的な概念であるからどちらかに統一すべきであろう。ここでは自然数に 0 が含まれるとして考察を行う。

　自然数とは何かを考える前に、自然数をどのように使っているかを考えてみる。一つは 1 個、2 個のように、個数を数えるときに使う。次に 1 番目、2 番目というように順序を示すときに使う。更に部品番号や、背番号のように一つのモノを識別するために使う。基本的にはこの 3 種類の使い方であり、最初の機能はモノの集まりの大きさ（個数）であり、次は序数として順序を示し、更に序数は全て異なるから、モノを識別する（一つのモノを抽象化する）ことが出来る。

　歴史的に何が最初かといった議論はここではしない。自然数とはこのような性質を持っているということである。いずれの性質も対象となるモノは数えられるモノである。日本語にはないが、英語では複数形を持つ単語がある。このような

単語は数えられるモノを示している。数えられないモノは数詞を付けて数える。例えばコップ3杯の水などのように表す。このとき、コップには複数形が存在するので、水の入ったコップは数えることが出来る。もっとも水の分子はH_2Oであり、1個の分子を水とすれば、水の集まりを数えることが出来るはずであるが、通常水の分子の集まりは数えられないとしているだけであろう。

また、数えられるモノは物質だけではなく、抽象的なモノも数えることが出来る。例えば果物の種類、組み合わせの仕方なども数えることが出来る。自然数ももちろん数えることが出来る。

リンゴが幾つかあるとき、5個であれば、5個のリンゴがあるといい、これらのリンゴを並べると0番目（最初）のリンゴ、1番目のリンゴなど順番を付けることになる。リンゴ$_0$、リンゴ$_1$、……、ということもある。並べなくてもリンゴ$_0$、リンゴ$_1$、……はそれぞれ異なるリンゴを示している。

このようにすると、自然数と集合の関係が理解しやすくなる。

リンゴの集合の要素はリンゴであり、リンゴは数えることが出来るモノである。その集合の大きさが個数5になる。要素はリンゴ$_0$、リンゴ$_1$、……、リンゴ$_4$であり、添え字の自然数が順序を示すとすれば、要素の並び方は決まる。並び方

が関係なければ、添え字の自然数は、単に一つの特定のリンゴを示している。

　このリンゴの集合を X、リンゴを x とすると、X = {x_0、x_1、x_2、x_3、x_4} であり、集合 X の要素の個数を |X| とすれば、|X| = 5である。ここで、要素 x_n を自然数（序数）で抽象化すれば、X = { 0、1、2、3、4 } となる。

　このようにリンゴを x_n、あるいは n と抽象化すれば、X がリンゴの集合でなくても、この集合に関して成り立つ性質は、どんなモノの集合にも成り立つことであり、一般化できることになる。

　抽象化という言葉を使ったが、抽象化というのは、現実にあるモノや現象から特定の性質を取り出し、他の性質を捨象してしまうことである。幾つかの性質を取り出し、それらの性質を持っているモノを調べ、そのモノに適用できる規則を決めると、モデルとなる構造が出来る。このモデルは同じ性質を持った他のモノにも適用が出来る。これが一般化であろう。

　時に誤解が生ずるのは、抽象化とは現実とは関係なく、自由に無から創り出す（あるいは神から授けられた）こととすることである。現代数学は抽象化をこのように捉えて、具象なもので考える事を嫌うが、これが現代数学を一般の人に理解出来ない学問にしているように感じる。抽象化はあくまで具象なものから特定の性質を抽象しているはずである。そう

でなければ、数学は単に記号と規則の論理ゲームになってしまう。音楽や抽象絵画も全くでたらめなモノではなく、表現したいと考える性質（感情や形や色の組み合わせなど）を音楽や絵にしているから、見たり聞いたりする人の感性に訴えることがあるのであろう。

　但し、具象なものから抽象化した性質を減らしたり、他の性質を加えたりして創られた数学のモデルが、具象なものに、適合できるか否かは、数学にとって、極端に言えば関係ない。このようなことは、数学を利用する学問の方で気づくことが多いと思われる。

　抽象化は数学だけの性質ではない。どんな言語でも、その単語は実際にあるモノを抽象化している。例えば人という単語は、幾つかの性質を持った動物を人間としているのであり、これは抽象化である。また、動詞でも‘歩く’という言葉は人の動作の一つを抽象化しているといえるであろう。即ち、現実にある何かを言葉で（あるいはどんな表現方法でも）表現しようとすると、その持っている性質の幾つかを抽象することになる。但し、何を抽象化しているかは一般に明確ではなく、人によって異なる。数学はどんな性質を抽象しているか、を明確に定義することが求められている。この点が通常の言語あるいは、哲学のような学問とは異なるのである。

　数学で明確に定義するとは、定義するものを数や記号で表

し、その性質を数や記号の規則として示すのが一般的であるが、どんな言語でも、抽象化しているのは同じであり、一般言語よりは明確であると考えるべきであろう。現代数学では述語論理で記述することを求められたりする。述語論理で記述されることが、数学であると考えている専門家も多いが、数学を記述するために述語論理を考えたのであり、数学が全て現在の述語論理で記述されるという保証はないであろう。

　自然数は集合の大きさ（要素の個数）を抽象化し、集合の要素を抽象化している。個数という大きさで大小が決まり、この大きさによって順序を決めることが出来る。従って、自然数を個数で定義すれば、自然数の順序（序数）は自動的に決まるのである。
　このように自然数を集合に関連付けて考えることが出来るのは、集合の要素が数えることが出来るモノであり、自然数も数えることが出来るので、自然数（序数）で抽象化でき、要素の個数が集合の大きさになるからである。要素はある性質を持った数えることが出来るモノの総称であり、個々の要素はその性質を持った一つの特定のモノである。また、集合はある要素の集合と見做すことが出来るモノの総称であり、集合という性質を持った特定のモノ（集合）でもある。

　単語には固有名詞と普通名詞がある。普通名詞は抽象化して定義したモノの総称であり、固有名詞は特定のモノを示

す。一般に、一つの単語は普通名詞でもあり、固有名詞でもある。例えばリンゴは、'リンゴという性質を持った果物'の総称（普通名詞）であり、'果物の種類'としては特定の果物であり、固有名詞になる（果物の種類として特定のモノ）。これは x が何かの総称であれば、x が持っている性質を持つ特定のモノ x_n が存在し、x が持っている性質から幾つかの性質を除くと、x を特定のモノとする総称が存在することになるからである（この場合、その総称は通常、種類とか、タイプと表現されることが多い）。

　また、同じモノ、というときに二つのケースが考えられる。一つは同じ種類のモノあるいは同じ性質を持ったモノ、もう一つは同一のモノ。前者は同じ部品（同じ機能を持った部品）である、とか、私もあなたも同じ人間である、などの表現で示され、同じ総称で呼ばれるモノ（数学では同値類などと呼ばれる）。後者は同一人物、同一のモノ、などの表現で示され、特定のモノとして同じである。

　集合とその要素のそれぞれの性質を整理しながら、集合と要素の関係を考察する。

　要素 x の集合 X で、x は総称であり、x の性質を持った特定のモノを x_n で表す。x の集合 X は、x の性質を持っているモノの中から、特定のモノ x_n を幾つか取り出すことによって、形成される。要素を持たない集合は空集合である。

　要素 x の 1 個の集合を、$X = \{x_0\}$ とする。X はこの集合として抽象化できるモノの総称である。また、X は要素 x の集合として、特定の集合になる。x_0 は X と呼ばれるモノの一つであり、X は ' 要素 x の集合 ' として特定のモノであるから、x_0 と X は同一のモノではない。

　例えば、リンゴの集合の場合、リンゴの集合はリンゴという性質を持っていないので、リンゴの集合の要素にリンゴの集合がなることはない。従って、x_n と X は明らかに異なる。但し、リンゴの集合の要素が一つの場合、x_0 は X（リンゴ x_0 の集合の総称）の一つではある。然しながら、X はリンゴの集合として特定のモノ、であり、特定のリンゴではない。従って、リンゴの集合 X の要素にリンゴの集合 X がなることはない[*1]。

　この考察は要素 x が集合の時、結論は同じであるが、少し複雑な考察が必要になる。

　要素が集合の集合とすると、集合 X も、x（集合）の性質を持った特定の集合であり、要素 x の一つである x_k になる。即ち、X も 'x の集合 ' の要素になる。

　$X = \{x_0\} = x_k$ とすると、x_0 も x_k も集合として特定の集合である、ということである。$x_k = x_0$ とすると、$x_0 = \{x_0\} = X$ となる。このとき、X は要素 x の中から特定の x_0 を取り出した集合であり、x_0 を取り出したはずなのに、まだ x の中に要素 x_0 が存在することになる。これは不合理といえる。

従って、$x_k \neq x_0$ である。この考察は X の要素が二つ以上でも同じである。

　以上の考察から、集合の一つの要素と、その集合は同一のモノではないので、自身を要素とする集合は存在しない（X $\notin$ X）[*2]。このことから明らかに X $\neq$ {X} である。X $\notin$ X という性質は、集合の持っている基本的な性質である。

　集合と要素の関係には、部分集合、和集合、差集合、補集合、べき集合、などの定義が出来るが、これらの性質は補足として掲載する。

　集合の性質が整理できたので、自然数の考察に戻る。

　序数と個数という概念は、それぞれ位置と量に拡張される。

　順序というのは集合の要素の並び方になるが、これは集合を {x_0, x_1, x_2, x_3, x_4} のように表現するときには要素の位置と考えることが出来る。即ち、順序の概念はある集まりの中の位置を示しているといえる。要素が1列に並んだ集合の、要素の位置を順序（序数）で示している。例えば、数直線を自然数（序数）の集合とすると、自然数（序数）は数直線上の位置を示している。更に座標という概念を使えば、二つの序数の組で平面上の位置を特定できる。

　個数は一般的に大きさを示す量に拡張される。長さや重さなどの量を表す時には、1個を単位の量として、この単位で量を示すことになる。長さでいえば、目盛りのついた定規で長さを示すことであり、重さでいえば、天秤で単位となる錘で、何個の錘で平行になるかとして表すことになる。ある線分の長さを自然数で表すには、mm 単位の目盛りの定規を用意して、10 mm のように表し、あるものの重さを自然数で表すには、天秤を使って、g 単位の錘が10個で釣り合えば、10 g になる。

　これは線分を定規の目盛りの集合として抽象化することであり、重さではモノを、単位となる錘の集合として抽象化することである。また、一つの線分を単位となる長さ 1 mm を持った線分に分割することであり、モノを単位となる重さ 1 g に分割することと同じである。量の精度を上げようとすると単位となる量を、mm から μm のように小さくすればよい。

　このイメージを X が線分であるとして考察を行う。

　X を10個の線分 x_n の集合とする（$0 \leqq n < 10$）。

　X = {x_0、x_1、x_2、……、x_9} である。

　線分 X の長さをこの集合の要素の個数で表すことは、線分 x_n の長さを単位 1 の長さとして、この線分10個が X の長さであるとするのである。この単位を 1 mm とすれば、X は 10 mm の長さの線分になる。また、x_n は線分 X 上の位置を

表しているが、x_n は線分であり、線分 X 上の単位 1 の長さを持った線分の位置である。

　この線分 X の要素を自然数（序数）で抽象化すると、X = { 0、1、2、……、9 } となるが、X を全ての自然数の集合とすると、この自然数は数直線（半直線）上の自然数になる。即ち、数直線上の自然数は、単位 1 の長さを持つ一つの線分であり、集合 { 0、1、2 } の線分は長さが 3 の線分になる。自然数 2 で示している数直線上の位置は、区間 [2、3) の線分になる。

　この考察には注意すべきことが、三点ある。

　一点目は、X は線分の集合ではなく、‘単位 1 の長さを持った線分’の集合である、としたことである。一つの線分とは、通常その線分の長さには関係がない。X の長さを要素の個数で決めるには、要素である線分の性質に‘単位 1 となる長さを持つ’という性質を加えることである。また、この集合の要素を自然数で抽象化することは、‘単位 1 となる長さを持つ’線分を自然数とし、その順序を決めているわけであるから、線分を序数としての自然数で抽象化していることである。

　二点目は、線分の集合は必ずしも線分ではないということである。

　線分の集合が線分になるには、要素の線分が繋がっていな

ければならない。バラバラの線分を集めても、これは線分の集合であり、線分にはならない。繋がっているということは、線分の位置を特定していることになる。従って、線分に位置という性質を加えなければならない。繋がっているということは、単位となる線分を一列に並べて、線分と次の線分は繋がっているとすることが出来る。即ち、X を線分とするには、x_n を単位 1 の長さを持った線分とし、x_n と x_{n+1} は繋がっているとすればよいことになる。

　要素が 1 個の線分の集合は明らかに線分とすることが出来る。X $= \{x_0\}$ とすると、x_0 は単位 1 の長さを持った特定の位置にある線分である。X も単位 1 の長さを持った線分であるが、集合の性質で調べたように、$x_0 \neq \{x_0\} =$ X であるから、X $= x_1$ とすれば、x_1 は線分 x_0 の位置を変えた線分であり、x_0 と繋がった単位 1 の長さを持つ線分にすることが出来る。$x_n = \{x_{n-1}\}$ とすれば、x_{n-1} と x_n は繋がっている。

　線分 X が線分の集合であるとき、要素の特定の線分というのは、位置も含めて特定である。更に、線分 X の長さを要素の個数として決めるには、要素を一連の（繋がった）単位 1 の長さを持つ線分の集合としなければならない。

　三点目は、この方法は単位 1 の長さを、X を分割した後に決めていることである。通常は先に 1 mm という長さを決めて、X を分割する。このとき X は必ずしも 1 mm 単位の n 個に分割できない。この単位をどんなに短くしても同じであ

る。X を単位 1 に分解すると余り（単位 1 よりも短い線分）が出てくることが多い。この余りを 0 にすることは近似することになる。

個数は自然数であり、デジタル（離散的）である。アナログ（連続的）な量を正確に表すことが出来ない。これは当然であると考えられるが、実は有理数でも実数でも同じであり、長さのような連続的な量を数値化することは、デジタル化であり、極限や収束の概念で近似しているのである。集合も要素は 1 個と見做すモノであるから、離散的である。

自然数の性質を集合と関連させて説明したが、自然数の持っている性質と、集合の持っている性質をまとめておく。

集合は要素の集まりであるが、要素とはある性質を持った、数えることが出来るモノの総称である。集合の個々の要素は、要素と呼ばれるモノの一つの（特定の）モノである。集合の一つの要素と、その集合は異なるモノであり、自身を要素とする集合は存在しない。

集合の大きさは要素の個数であり、この個数を自然数で表す。

自然数は、集合の要素の個数を表すが、個数には大小が存在し、この大きさの大小によって順序を決めることが出来、序数となる。また、序数はそれぞれ異なるという性質を持っているので、この性質から数えることが出来るモノ（要素）

を自然数（序数）として抽象化し、モノを識別できる。更に、集合と自然数の個数、序数を使って、あるモノの大きさや位置を示すことが出来る。

　数学の基礎が集合論である、というのは、数学の対象が、何らかの集合と考えられること、及び数の基本である自然数の性質が、集合によって明確に定義できるからである。

自然数と無限

　数学の無限はカントールによって最初に定義されたが、その定義は超限順序数、超限カーディナル数が存在するということである。この定義は自然数をさらに抽象化し、順序数（序数）とカーディナル数（集合の濃度であり、要素の個数を示す）に分けて定義し、有限であれば、この二つの数は同じで、自然数であり、無限になると異なる数になるとした。このアイディアをもとに、集合を公理化する試みが行われたが、現在ではツェルメロが行った公理化を修正した、ツェルメロ・フレンケルの公理が一般的になっており、この公理を ZF と略している。この公理に選択公理というのを加えた ZFC 公理系が現在の主流[*3]になっている。

　ここでは、自然数 n を $n = \{\, 0 、 1 、 2 、 \cdots\cdots 、 n{-}1 \,\}$ と定義する。

　この定義はまず、0 は個数 0 であり、要素を持たない集合は要素の数が 0 であるから、0 を空集合 $\varnothing$ として次のように定義していく。

　　$\varnothing = 0$ 、
　　$0 \cup \{\, 0 \,\} = \varnothing \cup \{\, 0 \,\} = \{\, 0 \,\} = 1$ 、
　　$1 \cup \{\, 1 \,\} = \{\, 0 \,\} \cup \{\, 1 \,\} = \{\, 0 、 1 \,\} = 2$ 、
　　$2 \cup \{\, 2 \,\} = \{\, 0 、 1 \,\} \cup \{\, 2 \,\} = \{\, 0 、 1 、 2 \,\} = 3$ 、

……、

$n-1 \cup \{n-1\} = \{0、1、2、3、……、n-1\} = n、$

　集合 n は自然数の集合であり、個数 n。要素 k（$0 \leqq$ k$<n$）は集合 n の要素として、k 番目の自然数である。要素としての自然数は序数である（自然数の一つ）。集合としての自然数 n は、n 個の自然数を要素に持つ集合であり、自然数としては n 番目の自然数である。

　この定義は自然数を集合の大きさ（個数）で定義し、その大きさによる順序で、自然数の順序を示している。何故なら、0 を大きさ 0 の空集合とし、1 を要素 1 個の集合、2 を要素 2 個の集合、……と定義し、この大きさで順序を決めているから、n 個の集合 n が n 番目の自然数になるのである（序数を集合で定義するのであれば、0 をどんな集合にしてもよく、ただ次の集合が存在するように選べばよい。例えば、集合 $x = 0$、$\{0\} = 1$、$\{1\} = 2$、……、などの定義でもよい。これらの集合の大きさは、0 が x の大きさであり、0 以外は全て 1 である）。

　集合の要素の個数とは何か、という定義をする必要があるかもしれない。自然数を上記のように集合として定義した。集合 X の大きさは、集合 n との間に、要素の 1 対 1 対応が存在するときに、X と n は同じ大きさであるとしている。このとき n を集合の要素の個数とする。

無限を考察するには有限の定義が必要になるであろう。次のように定義しておく。

　集合の要素の数を自然数で表すことが出来る集合を、有限集合と定義する。

　自然数の定義では、自然数 n は n 個の要素を持った集合であるから、自然数は有限集合であり、自然数は全て有限数であるといえる。

　全ての自然数の集合を N とする。

　N＝{ 0、1、2、3、……、n、……} である。

　まず、この集合が存在するか、あるいはこれは集合であるか、ということを示さなければならない。先程の公理系 ZFC の公理の中には、無限公理と呼ばれる公理があり、このような集合が存在するとされている。公理は、基本的に他の公理を仮定しても証明できないから公理にしている。

　数学の無限は、集合 N が存在すると仮定して、議論を進めるのである。N が存在しない、あるいは N は集合ではないとすると、数学の世界には限りなく大きくなっていく数は存在するが、全て有限であり、無限の世界は存在しないのである。

　この集合の要素の個数は自然数で数えることが出来ない。即ち、自然数では示すことが出来ない。従って、N は有限集合ではない。この集合を無限集合とする。

$n = \{\, 0 \,、\, 1 \,、\, 2 \,、\, \cdots\cdots \,、\, n-1 \,\}$ であり、N を自然数の拡張と考えることは自然である。

そこで、$\omega = \{\, 0 \,、\, 1 \,、\, 2 \,、\, 3 \,、\, \cdots\cdots \,\}$ と定義して、ω を最初の無限自然数とする。

自然数の定義に従って、ω の次の無限自然数を定義すると、$\omega \cup \{\omega\} = \{\, 0 \,、\, 1 \,、\, 2 \,、\, 3 \,、\, \cdots\cdots \,、\, \omega \,\}$ である。

カントールが自然数を順序数とカーディナル数（集合の濃度であり、要素の個数）に分けた理由はこの集合にある。この集合の大きさをどのように決めるかということである。

カントールは、有限集合の要素の数は自然数で表すことが出来るが、無限集合になると自然数では表現できないので、集合の大きさを比較するために、集合 X と集合 Y の要素の間に 1 対 1 対応が出来れば X と Y は同じ大きさを持つと定義した。この方法は有限集合に対しても適用できるので、有限集合の定義にも使える。

集合 X と集合 n のそれぞれの要素の間に、1 対 1 対応が存在すれば、X の大きさは n である。従って、X が有限集合であるとは、X の要素と集合 n の要素に 1 対 1 対応関係が存在することである。

この方法に従えば、$\{\, 0 \,、\, 1 \,、\, 2 \,、\, 3 \,、\, \cdots\cdots \,\}$ と $\{\, 0 \,、\, 1 \,、\, 2 \,、\, 3 \,、\, \cdots\cdots \,、\, \omega \,\}$ には 1 対 1 対応関係が次のように付けら

れる。

　0 と ω、1 と 0、2 と 1、3 と 2、……、n と $(n-1)$、
……

　この対応により、ω と ω ∪ {ω} の濃度が同じであるとした。

　ω ∪ {ω} は ω の次の順序数（序数）になるが、大きさは同じ ω である。順序を表す序数と、大きさを表す個数が同じにならないことから、無限になると、自然数は順序数（序数）とカーディナル数（個数）の異なる数になる、としたのである。

　ω ∪ {ω} = ω+1、ω+1 ∪ {ω+1} = ω+2、……、とすると、ω+n と ω は同じ方法で、1 対 1 対応が出来る。

　ω と ω+n = { 0、1、2、……、ω、ω+1、……、ω+n-1 } の 1 対 1 対応は、0 と ω、1 と (ω+1)、……、$(n-1)$ と (ω+n-1)、n と 0、(n+1) と 1、……、のように出来る。

　即ち、ω+n は順序を示す数であり、この大きさは ω であるから、ω+n を超限順序数、大きさ ω を超限カーディナル数、$\aleph_0$（アレフ 0）とした。

　ここで、問題となるのは次の 1 対 1 対応である。

　ω = { 0、1、2、3、……} と ω+1 = { 0、1、2、3、……、ω} には 1 対 1 対応関係が次のように付けられる。

　0 と ω、1 と 0、2 と 1、3 と 2、……、n と $(n-1)$、

……

　集合 ω は集合 ω+1 の真部分集合である。この対応は集合 ω+1 の要素 ω を 0 に対応させ、集合 ω+1 の全ての自然数 n を自身の $n+1$ に対応させている。

　第 1 部で示したように、n を $n+1$ に対応させるのは 1 対 1 対応にならない。即ち、ω+1 の要素と ω の要素は 1 対 1 対応にならないのである。従って、ω ∪ {ω} は ω と同じ大きさの集合ではない。ω は真部分集合であるから、ω の濃度は ω ∪ {ω} の濃度よりも小である。即ち、無限自然数を順序数と、濃度を表すカーディナル数に分解する必要はないのである。

　また、この 1 対 1 対応の 1 は自然数（有限自然数）の単位であり、0 と ω を 1 対 1 対応させることは、自然数 1 個の大きさと無限自然数 1 個の大きさを同じであるとしていることである。あるいは数としての ω は、自然数ではないとしながら、要素 ω を自然数としていることである。

　自然数 n は自然数の集合として定義したが、ω も自然数の集合である。ところが、ω は自然数ではないので、{ω} は自然数の集合ではない。ω を無限自然数とすると、{ω} は無限自然数の集合であって、自然数の集合ではない。自然数 n に対して、{n} は自然数 1 個であり、この集合の大き

さは自然数 1 になる。一方 {ω} は無限自然数 1 個であり、この大きさは無限自然数 1 になる。ω は集合であるが、要素に無限自然数は存在しない。従って、ω は無限自然数の集合としては空集合になる。即ち、ω は最初の無限自然数であり、無限自然数 0 になり、{ω} = { 0 } は無限自然数 1 になる。

　ω が空集合であれば、ω ∪ {ω} = {ω}、ϕ = {ω}、とすると、ϕ は無限自然数 1 であり、無限自然数 n を n とすると、{n} の大きさは 1 であるが、この 1 は無限自然数の単位 ϕ である。

　ω = ϕ0 = 0、ϕ = ϕ1 = 1、ϕ2 = 2、ϕ3 = 3、…… のようにすることが出来る。このとき、ϕn は単位 $\phi \times n$ であり、単位を ϕ とした自然数となる。即ち、数を千単位や億単位で 1 千、2 千、……、1 億、2 億、……、と数えるのと同じように、無限の単位 ϕ で、ϕ1（1 無限）、ϕ2（2 無限）、……と数を数えることが出来るということである。

　千単位や億単位の自然数 1 個の大きさは、単位 1 の自然数の千倍や億倍になるが、この大きさは、単位 1 の自然数で表すことが出来る。然しながら無限の単位は自然数で表すことが出来ない数であり、無限の単位 ϕ が必要になるのである。

　以上の考察から、無限自然数は次のように定義できる。

$\omega = \varnothing = \phi 0$、

$\omega \cup \{\omega\} = \varnothing \cup \{\omega\} = \phi = \{\phi 0\} = \phi 1$、

$\phi 1 \cup \{\phi 1\} = \{\phi 0\} \cup \{\phi 1\} = \{\phi 0、\phi 1\} = \phi 2$、

$\phi 2 \cup \{\phi 2\} = \{\phi 0、\phi 1\} \cup \{\phi 2\} = \{\phi 0、\phi 1、\phi 2\} = \phi 3$、

……、

$\phi (n-1) \cup \{\phi (n-1)\} = \{\phi 0、\phi 1、\phi 2、……、\phi (n-1)\} = \phi n$、

　当然のことながら、無限自然数の単位 ϕ は、どの自然数よりも大きく、また ω よりも大きい。大きさによる順序では、全ての自然数よりも、ω よりも後の数になる。また、千単位の自然数では、$0 \leqq k < 1000$、である k は全て 0 千と見做すことになるのと同様に、自然数 n は集合であり、要素に無限自然数を持っていないので、無限自然数の集合としては空集合、即ち $n = \omega = \phi 0$ である。この意味は n 個の自然数を無限自然数で数えると無限自然数 0 になるということである。

　以上の結果で、カントールの超限順序数と、無限濃度である超限カーディナル数に関する問題点と、その解消を示すことが出来たが、問題になる考察の原因は、無限集合と有限集合の大きさの比較を要素の 1 対 1 対応という方法で出来るとしたことである。現在の集合論はカントールの考察を基本的なアイディアとして、公理化しているので、同じ問題を抱え

ている。

　無限公理を除くと、現在の集合の公理は有限集合の定義で
ある。実際、無限公理を除くと、空集合の存在から、集合の
性質を使って、生成される集合は、全て有限集合になる。ま
た、和集合や、べき集合など、どのような操作（集合の演算）
を行っても、無限公理で存在を仮定している集合を構成
的に作ることは出来ない（この集合の存在を証明できない）。

　集合は有限という環境の中で、考察された概念であり、有
限の世界で閉じている。有限集合から無限集合を構成的に作
ることは出来ない。従って、無限集合の存在は証明できな
い。無限集合の存在を仮定すれば、無限の世界が存在するこ
とになる。無限公理は無限の世界にも、集合が存在するとい
う仮定である。この仮定は有限の世界に空集合が存在すると
した公理と同じように、無限の世界にも空集合が存在すると
いう公理になる。この空集合に対して、有限の世界で定義し
た集合の性質（公理）を適用できるとすれば、無限の世界の
集合（無限集合）が定義できることになる。
　自然数は有限集合を使って定義されていて、有限の世界で
閉じている。無限の世界の空集合が存在し、無限集合が定義
出来れば、無限集合を使って、無限自然数が定義される。自
然数は単位が 1 であり、無限自然数は単位を φ とした自然数
である。

　現在の集合論では公理で無限集合を定義していないので、別途定義する必要があり、次のような定義がある。

(1)　自然数 n に対して、n 個の要素を持つ集合を有限集合といい、そうではない集合を無限集合という。

(2)　集合 X が無限であるとは、全ての自然数 n に対して、集合 n から X への全射が存在しないことである。X が無限でないとき、有限であるという。

(3)　デデキントの定義（これをデデキント無限という）
　　　集合 X から X の真部分集合への 1 対 1 対応が存在するとき、集合 X は無限である。
　　　X が無限でないとき、有限であるという。

　いずれの定義でも ｛ω｝ は有限集合であり、この大きさは自然数 1 になる。従って、これらの定義はいずれも問題であるといえる。デデキントの定義は N からその真部分集合への 1 対 1 対応が存在しないのであるから、N は有限になる。

自然数の無限の系列

　前の章で示したように、ωを無限自然数**0**、φを無限自然数**1**、とすれば自然数の系列は次のように拡張できる。

　0、1、2、3、……、n、……、ω(**0**)、φ(**1**)、φ2(**2**)、φ3(**3**)……

　数を無限の単位で数えることと、億単位で数えることの違いは、0億には最大の自然数が存在するが、無限の単位φでは、0無限（φ0）の最大の自然数は存在しないことである。また、億未満の自然数に、自然数を足したり掛けたりすると、1億を超えることがあるが、自然数の加法、乗法、べき乗の演算結果は自然数であり、ωになることはない。φは自然数から到達できない単位である。一方1億という単位は自然数であるから、自然数から到達できる単位になるのである。

　無限自然数を並べていくと、φωという数が現れる。これは無限自然数ではなくなる。従って、φωやφφ＝$φ^2$という超無限自然数が存在することになる。この数は$φ^2$を単位とする自然数になり、更に$φ^3$を単位とする自然数が存在し、……、これは果てしなく続けることが出来る。即ち、自然数の階層が出来ることになる。

　0、1、2、……、ω＝φ0、φ、φ2、……、φω＝$φ^2$0、$φ^2$、……、$φ^3$、……、この後にも、$φ^φ$、更にφ乗、など

果てしなく存在することになる。

　自然数は無限小にも拡張できる。1 万分の 1 を単位 1 とすると、1 万分の 1 を単位とする自然数になる。これと同じように、$1/\phi$ を無限小の単位 1 とすると、自然数が出来、元の自然数 0 を、$0/\phi$ から ω/ϕ までの数とするのである。またこの拡張は無限小の方向にどこまでも拡張することが出来ることになり、次のように単位となる自然数 1 は限りない列をつくりだすことになる。

　……、$1/\phi^n$、……、$1/\phi^3$、$1/\phi^2$、$1/\phi$、1、ϕ、ϕ^2、ϕ^3、……、ϕ^n、……

　この単位となる数に対応して、自然数が存在する。即ち、自然数の階層が出来る。また、自然数の演算は一つの階層で閉じている。

　有限と無限は、どこかの階層を有限とすると、次の階層が無限であり、前の階層が無限小になる。

　カントールが考えた $\aleph_n$（アレフ n）という無限の大きさの階層は、基数を自然数の単位と定義して、その基数の階層とした方が良い。

　従って、この基数の列は、……、ϕ^{-2}、ϕ^{-1}、$1 = \phi^0$、ϕ^1、ϕ^2、……となる。

　自然数の演算が一つの階層で閉じているということは、自然数の演算結果が無限自然数にはならないということであ

る。また、自然数と無限自然数の演算は定義できない。これは、自然数は無限自然数０であり、全ての自然数と全ての無限自然数を要素とする集合が存在しないからである（演算は一つの集合に対して定義される）。従って、ωの演算は無限自然数の演算として定義される。無限自然数の演算は単位万や億と同じように、自然数の演算で定義され、その結果に無限自然数の単位であるϕを乗じた数となる。

$$\omega + n = \omega + \omega = \phi\,(0+0) = \omega$$

$$\omega \times n = \omega \times \omega = \phi\,(0 \times 0) = \phi\,0 = \omega$$

$$\boldsymbol{n}^\omega = (\phi\,n)^{\phi\,0} = \phi\,n^0 = \phi$$

$$\omega^{\boldsymbol{n}} = (\phi\,0)^{\phi\,n} = \phi\,0^n = \phi\,0 = \omega$$

$$2^\omega = n^\omega = \omega^\omega = \phi\,0^0 = \phi\,1 = \phi\,、$$

$$\omega < 2^\omega = \phi\,、$$

（ω^n の n は ω を何回掛けるかという意味であり、この n は無限自然数とする）

この自然数の無限自然数への拡張は、集合の無限集合への拡張を元にしているので、集合に階層が存在するのである。

以上の議論を、集合を中心にまとめると、次のようになる。

無限集合が存在すると仮定すれば、集合には果てしない階層が存在することになる。階層を整数 k で表し、階層０の集

合を有限集合と定義すると、階層（−1）の集合は無限小集合
であり、有限集合としては空集合になる（階層0の下の階層
の集合は全て有限集合の空集合である）。階層1の集合は無
限集合になる。有限集合は無限集合として空集合になる。

　集合は一つの階層で閉じている。この意味は集合に定義さ
れている操作をどのように行ってもその階層の集合になる、
ということである。従って、自然数や関数など集合の性質を
使った定義も階層ごとの定義となる。

　一つの階層の、どの集合に対しても、次の集合と定義され
るような集合が必ず存在するとき、このような集合を全て含
む集合が存在すれば、その集合は次の階層の集合として空集
合になる。これは無限公理をそのまま表現しているが、一
つの階層の‘全ての集合’の集合も、次の階層の空集合にな
る*4。

　一つの階層の集合に対して、自然数を定義することが出来
る。従って、自然数にも階層が出来ることになり、無限自然
数や、無限小自然数などが定義できる。また、一つの階層の
自然数は、集合と同じくその階層で閉じている。この意味は
自然数の演算（加法、乗法、べき乗）はその階層の中の自然
数になるということである。一つの階層の全ての自然数の集
合は、次の階層の自然数0になる。

自然数の集合Nの特殊性

　集合N＝{ 0、1、2、……} は全ての自然数の集合であるとともに、無限自然数の集合としては空集合になる。謂わば、自然数と無限自然数のつなぎ目であり、有限集合と無限集合のつなぎ目でもある。集合Nは無限集合とすると、空集合であるからその性質は簡単であり、極めて分かり易い。然しながら、可算無限集合として考察すると、その性質には特殊なものがある。カントールの無限で、対角線論法のように間違っている証明のほとんどが、この集合の性質を間違った解釈をしているからである。このことを示すために、集合Nの性質を明確にし、誤った証明の原因を示す。

▪ Nの濃度

　ω は自然数の個数の上限であり、可算無限集合Nは、無限集合としての濃度（以下無限濃度とする）は $\omega = 0$ である。Nの真部分集合Aの濃度は無限濃度0であるが、Aには含まれないNの要素が必ず存在するので、要素の個数はNの要素の個数よりも少ない。従って、Nの任意の真部分集合をAとすると、$A \subset N$ であり、1対1対応のように、自然数の単位で集合の濃度（有限濃度）を比較すれば、$|A| < |N|$ になる。

　無限濃度は無限自然数と置き換えることが出来る。即ち、無限自然数は無限集合の大きさを示し、ω は0であり ϕ を1

とした、無限集合の要素の個数になる。従って、N の真部分
集合 A の無限集合としての濃度は |A| = |N| = 0 になる。また、
無限自然数は無限の性質を持ったモノを抽象化し、序数とし
ての性質も持っている。

　濃度に関する定理の一つに、ベルンシュタインの定理があ
る。これは、N から自身の真部分集合に単射の関数が存在す
るとしている。

▪ ベルンシュタインの定理

　集合 X、Y の間に単射の関数 $f : X \rightarrow Y$、$g : Y \rightarrow X$ があ
れば、全単射の関数 $X \rightarrow Y$ が存在する。

　この定理は f、g がいずれも全射でない場合に証明が必要
になる。また、X、Y の両方が可算無限集合でない限り、f、
g の両方の全射ではない単射関数は存在しないので、X、Y
ともに可算無限集合とする。

　両方とも可算無限集合であると、要素を自然数で抽象化す
れば、両方とも同じ自然数の集合 N になる。このとき、f、
g は全射でなければ、N から自身の真部分集合への関数にな
り、単射とは言えない（定義域が N ではない）。従って、f、
g のいずれも全射でなければ、この定理は成立しない。いず
れも全射であれば、当然のことである。

　この定理で、N から N への関数で f と g を $n+1$ とすると、

f、g は定義域が N にはならないが、定理の結果から生成される全単射関数は、0を1に、1を0に、2を3に、3を2に、4を5に、5を4に、……、と限りなく続く N の要素の置換になる。f、g が定義域が N ではないどんな単射の関数であっても、結果として出来る全単射の関数は置換である。

N と真部分集合の間の1対1対応は、自然数の単位で比較すれば成り立たないのであるが、この対応が成り立つとしたのが第1部の偶数と自然数の命題である。また、10進小数を使った対角線論法も、桁数と10進小数に1対1対応が成り立つとした、間違いをしている。

また、カントールの3進集合も対角線論法が成り立つとした間違いをしている。

▪ **カントールの3進集合**

$\sum_{k \in N} (b_k \times 3^{-k-1})$；$b_k = 0$、2

この集合は3進小数の一部であり、3のべき乗を分母とする有理数の一部であるから、可算無限集合になる。

この集合を線分 [0, 1] の部分集合とする。この線分を3等分し、中央の長さ 1/3 の開区間を取り除き、残った区間の其々を3等分し、中央を取り除く。この一連の操作を限りなく続けて残った点の集合がカントールの3進集合と言われ

る。この集合の濃度は連続体濃度であると、なっているが、上記の通りこの集合は可算無限集合である。

　この間違いの原因は二つある。一つは 3 進小数の対角線論法が正しいことを仮定していることであり、もう一つは線分を点の集合としていることである。

　10進小数に関して0.999……＝ 1 という等式がある。これには S ＝ 0.999……とすると、10S–S ＝ 9であるから、S ＝ 1 という証明がある。

　この問題点は、集合 N と集合｛ 1 、2 、3 、……｝の間に 1 対 1 対応があるとした証明と同じである。S ＝｛$9_0 9_1 9_2$……｝とすると10S の小数部分は s ＝｛$9_1 9_2 9_3$……｝とすることが出来る。S と s が 1 対 1 対応するとすれば、S ＝ 1 となる。然しながら、1 対 1 対応しないので、10S から S を引いたとき、必ず S の小数で一桁の 9 が残るという事になり、10S–S ＝ 9S ＝ 8.999……1 となる。従って S ＝ 0.999……9、であって、S ＝ 1 にはならない。

　これは、どんなに桁数を大きくしても、桁数は有限であり、必ずその桁より大きな桁が一つは存在するということであり、桁数が無限数 ω には決してならないという事でもある。

　10進小数、0.999……、と 0.999……9 との違いは10進小数

が最大の桁数を持つか否かである。

- **自然数nの10進展開**

$n = \sum_{k \in N}(b_k \times 10^k)$ ；$b_k = 0$、1、……、9

10進小数（最初の小数の桁を 0 とする）

$\sum_{k \in N}(b_k \times 10^{-k})$ ；$b_k = 0$、1、……、9

b_k が全て 9 のとき、自然数は $999……9$ となる。これは桁数を大きな順に並べると、最小の桁 0 が存在するからである。10進小数の場合は小さな順に並べると最大の桁が存在しないので、$0.999……$、としている。自然数は全て有限であり、必ず最大の桁が存在する。自然数と10進小数の違いは k と $-k$ の違いだけであり、自然数の桁数が有限であるならば、小数も同じである（無限桁の自然数は存在しない）。従って、10進小数は、$0.999……9$ のように桁数は幾らでも大きくなるが、有限である（最大の桁が存在する）。

これは、循環したり、果てしなく桁が続いているような小数が、10のべき乗を分母とする有理数の列であるとすることと同じである。

自然数の10進展開では、0 ではない任意の自然数 n には、自然数 m が存在して、$b_m \neq 0, m < k$ である全ての k に対して、$b_k = 0$ である。この m 桁の自然数を d_m とすると、d_m は b_k の順序組（b_0、b_1、b_2、……、b_k、……、b_m）と 1 対 1 対応する。任意の自然数にはこのように必ず最大の桁 m が存

在する。m 桁の自然数には、m 以下の桁数の自然数も含むとすれば（$b_m = 0$ も含めるという意味である）、10^m 個存在する。

　N には最大の要素は存在しないが、この順序組の最大の要素は桁数という自然数 m であり、m は N の要素である。従って、順序組を N の要素として全ての自然数（桁数）m に対する順序組としても、最大の要素 b_m が存在するので、$(b_0、b_1、b_2、……、b_m)$ となる。自然数 m がどんなに大きくなっても、この順序組には最大の桁 m が存在するのである。m は最大の自然数ではないので、m より大きな自然数が必ず存在する。従って、この順序組を集合 N の要素に対応させると、b_m の後に 0 が続くことになり、$((b_0、b_1、……、b_m)、0、0、……)$ という順序組が出来る。即ち、この順序組の要素である b_k は、あるところから先が全て 0 になるのである。

　10進数ではなく、一般に m 進数で自然数を表現すると、b_k が 0 から $m-1$ の値になるだけである。従って、b_k が複数の値を持つとき（m が 2 以上のとき）、対応する順序組は全て自然数と 1 対 1 対応する。k 桁以下の自然数は m^k 個存在する。

　ここで、自然数の 2 進展開と、幾つかの集合を比較する。集合としての自然数 n を S_n とする。$S_n = \{\,0、1、2、$

……、n–1} である。

m 桁の 2 進自然数は $d_m = \sum_{k=0}^{m} (b_k \times 2^k)$；$b_k = 0$、1、であり、この d_m は、順序組（b_0、b_1、b_2、……、b_m）に 1 対 1 対応する。

最初は関数 $f_n : S_n \to \{0、1\}$ の集合である。

この関数 f_n は $b_k = 0$、1；$k \in S_n$ として、順序組（b_0、b_1、b_2、……、b_{n-1}）に対応する。この関数 f_n の集合を F_n とする。この順序組は、n–1 桁以下の 2 進自然数に 1 対 1 対応する。従って、F_n は自然数の集合 {0、1、……、2^{n-1}–1} と 1 対 1 対応する。$m = 2^{n-1}$ とすれば、順序組（b_0、b_1、b_2、……、b_{n-1}）と S_m の要素が 1 対 1 対応する。

次に S_n のべき集合 $P(S_n)$ の要素は順序組（b_0、b_1、b_2、……、b_{n-1}）と 1 対 1 対応する（$b_k = 0$ のとき、k を含まない、1 のとき k を含むとすればよい）。

従って、順序組（b_0、b_1、b_2、……、b_{n-1}）は n–1 桁の 2 進自然数、F_n の要素、べき集合 $P(S_n)$ の要素と 1 対 1 対応することになり、$m = 2^{n-1}$ とすれば、S_m の要素にも 1 対 1 対応する。

n が限りなく大きくなると、S_m の要素の数も限りなく大きくなり、この要素の数の上限が ω になる。同様に、F_n も $P(S_n)$ も n に対応して限りなく大きくなり、要素の数の上限が ω になる。従って、全ての n に対応する関数 f_n の数、全ての自然数に対するべき集合の要素の数が N の要素の数

と同じになるという事である。

　S_n、2進自然数、F_n、$P(S_n)$ のように自然数から生成される集合は、自然数に対応して限りなく大きくなる集合であっても有限集合であり、無限集合になることはない。無限公理を仮定すれば、限りなく増えていく要素の全てを含む集合が存在することになる。そのような集合は要素を自然数で抽象化すると全て N になり、可算無限集合になる。これは自然数のどんな演算を行っても、ω を作り出すことが出来ないことであり、有限集合にどのような演算を行っても無限集合が出来ないことと同じである。可算無限集合も有限集合から構成的に作られた集合ではなく、存在すると仮定している集合である。

　一方、$P(N)$ や、関数 $f; N \rightarrow \{0、1\}$、の集合は無限集合から生成される集合であり、無限集合としての性質に従う。

　N は無限集合として空集合であるから、$P(N) = P(\varnothing) = \{\varnothing\} = \{N\}$ である。関数 f は $\{0、1\}$ も無限集合としては空集合であるから、$\varnothing \rightarrow \varnothing$、の関数であり、これは空写像という一つの関数になる（$0^0 = 1$ とすることの根拠）。この濃度は無限濃度 1、即ち ϕ であり、$P(N)$ の濃度と同じになる。

　カントールが連続体濃度とした 2^ω は、無限濃度として

$0^0 = 1$であり、無限自然数の単位であるϕになる。従って、連続体仮説は意味がない（連続体の定義そのものも問題である）。

この説明では味気ないので、N を可算無限集合として考察してみる。

▪ N のべき集合 (P(N))

P(N) の濃度が N よりも大であることは、集合を使った対角線論法で証明できる。この対角線論法は関数 f を全単射としているので、10進小数のケースとは異なり、正しい証明になる。

集合の濃度を絶対値の記号で表す。

$|P(N)| \geqq |N|$ であることは明らかであるから、$|P(N)| \neq |N|$、即ち、P(N) と N の要素に全単射の関数が存在しないことを示す。

全単射関数 $f : N \to P(N)$ があったとする。

$f(n)$ は P(N) の要素であるから N の部分集合であり、$n \notin f(n)$ または、$n \in f(n)$ である。

N の部分集合 $S = \{n : n \notin f(n)\}$ を考えると、$n \in S \Leftrightarrow n \notin f(n)$、である。

f は全単射なので、$S = f(m)$ となる $m \in N$ が存在する。このとき、

$m \in f(m)$ であると、$m \in$ S であり、$m \notin f(m)$

$m \notin f(m)$ であると、$m \notin$ S であり、$m \in f(m)$

これは矛盾である。

従って m は存在しない。即ち、全単射関数は存在しない。

故に、$|N| < |P(N)|$。

この証明は P(N) が N を含んでいるから正しいが、N を除くと成立しない。

何故なら S = N とすると、全ての n に対して $n \notin f(n)$ となる。このとき S = N = $f(m)$ となる m に対しては、$m \in f(m)$ であるが、この m は存在しなくても良いからである。

逆に、N の要素から 'N の真部分集合' への全単射関数が存在すれば、N と P(N) から N を除いた集合の濃度が等しいことになる。

P(N) の要素は N と N の真部分集合である。N の真部分集合は、N の要素が全て自然数であるから、全ての自然数の組み合わせである。先程考察した $P(S_n)$ の要素は n 個の自然数の組み合わせの一つであり、n 個の自然数の全ての組み合わせの集合になる。$P(S_n) \subset P(S_{n+1})$ であり、全ての n に対応させると、N の全ての真部分集合の集合になる。この集合の要素の個数の上限は ω である。$P(S_n)$ で全ての n に対して対応させると、この集合の濃度は上の考察で示したよう

に、N に等しくなるので、$|N \cup \{N\}| = |P(N)|$、になる。これは、$|\omega \cup \{\omega\}| = |\{0、1、2、\cdots\cdots、\omega\}| = \phi$、である。

次に関数 $f ; N \rightarrow \{0、1\}$、の集合に関して考察を行う。

一般に集合 X から集合 Y への関数全体の集合を、X の上の配置集合と言い、Y^X とするが、集合 N から集合 $\{0、1\}$ への関数全体の集合は $\{0、1\}^N$ となる。この集合は、N の部分集合 A に対する特性関数の集合と 1 対 1 対応する。

▪ **集合 A の特性関数**

$A \subseteq N$ としたときの関数を考える。$n \in N$ とする。

$A \subseteq N$ であるとき、N から $\{0、1\}$ への、

$$f(n) = 1 \quad (n \in A)$$
$$\qquad 0 \quad (n \notin A)$$

となる関数 f を A の特性関数といい、X_A とする。

関数 $f ; N \rightarrow \{0、1\}$、は集合 $A \subseteq N$ の特性関数 X_A と 1 対 1 対応するので、f の集合は N のべき集合 $P(N)$ の濃度と同じであり、$|\{0、1\}^\omega| = 2^\omega = \phi$ となる。

また、一般に N から N の部分集合 A への関数の集合の濃度は $|A^\omega| = n^\omega = \phi$ である。

A が { 0 、 1 、 2 、 ……、 9 } であれば、$|A^\omega| = 10^\omega = \phi$ 、
A が N であれば、$|N^\omega| = \omega^\omega = \phi$ となる。

　まだまだ見直しが必要な命題は多いと考えるが、今回の考
察はここまでとする。

注釈

＊1

　x_0と $\{x_0\}$ の違いに関した疑問の中に、リンゴ1個をプレゼントする、というとき、プレゼントしているのは集合 $\{x_0\}$ なのか、x_0なのか、というものがある。

　$X = \{x_0\}$ で、x_0を一つのリンゴとしたとき、リンゴの中から、x_0を取り出して、袋に入れても、箱に入れても、メッセージを付けても、あるいは、果物屋にあっても、木に生っていても、これはx_0の集合の一つである。即ち、X はx_0を含むモノの総称であり、x_0自身も X の一つである。また、リンゴの中からx_0を選び出すことも集合を作ることになる。従って、リンゴ1個をプレゼントするというのは、$\{x_0\}$ として抽象化されるモノの一つをプレゼントしていることになる。

＊2

　集合のパラドックスに、自身を要素とする集合に関するものがあるが、自身を要素とする集合は存在しないので、このパラドックスに意味はない。

ラッセルのパラドックス

　自身を要素としない集合の全ての集合を X とする。このとき X が X に属しているとしても、属していないとしても

矛盾が起こる。

（X が X に属していれば、X は X の要素ではないし、X が
X に属してなければ、X は X の要素になる）

　このパラドックスは全ての集合の集合に関するパラドック
スになる。これは無限のパラドックスであり、＊4で解明す
る。

＊3

　ZFC が主流であるとしたのは、集合論の公理を数学とし
て確定させていないからである。今のところこの公理系で考
えようということになる。こんないい加減なことでいいのか
という気持ちになるが、数学者は通常この公理系にまで遡っ
て研究しているわけではなく、証明されたと認められている
定理群を仮定して、論理を構築しているわけであり、専門家
にとってはそれほど重要ではないということであろう。ある
いは、集合論は既に多くの数学者の研究によって、完成され
た分野であり、公理にまで遡る必要がないと考えられている
のであろう。

　本来、数学基礎論という分野の研究対象となるはずである
が、この分野の研究も無矛盾性の証明や、数学を記述するた
めの言語の研究、証明論、など数学の普遍性を追求する方向
にあるように思われる。

　参考として ZFC の公理系を列挙しておく。

公理は論理式で示されているが、ここでは公理の名称とその意味するところを示す。

外延性の公理

二つの集合が等しい（同一の集合）であることの条件を示している。

$$x = y \Leftrightarrow x \subset y \text{ かつ } y \subset x$$

空集合の公理

要素を持たない集合が存在する。この集合を空集合という。

対集合の公理

二つの集合 x、y に対して、集合 $\{x、y\}$ が存在する。

べき集合の公理

集合 X に対して、X の部分集合を全て含む集合 P(X) が存在し、この集合を X のべき集合という。

和集合の公理

X の要素 x、y が集合の時、$x \cup y$ となる集合が存在する。

無限公理

集合 X が空集合を含み、X の任意の要素 x_n に必ず次の

x_{n+1} が存在して、x_{n+1} も X の要素となるような集合 X が存在する。

内包性の公理 (集合形成の公理、分出公理と呼ばれることもある)

　集合 X の要素 x に関する性質 P(x) があったとき、P(x) を満たす x 全体は集合である。

　即ち、集合 X から性質 P(x) を満たす要素を取り出して集合を作ることが出来る。

正則性の公理 (基礎の公理とも呼ばれる)

　集合 x が空集合でなければ、x とは同じ要素を共有しない x の要素がある。

　分かりにくいが、この公理から $x \not\in x$ であることがいえる。

置換公理

　集合 X の各要素 x に対して、性質 P(x、y) を満たす y が唯一つ存在するなら、それらの y 全体は集合である。

　これは X の要素 x_n に対して、y_k が対応するとすれば、y_k を要素とする集合が存在するということであり、X を定義域とした関数によって集合が出来るという意味である。

選択公理

　この公理は有限集合に関しては置換公理と同じであると考えられる。無限集合から確実に一つの要素を取り出すための関数が存在するという公理になる。

　この考察では、無限公理はそのまま使用している。その他の公理に関しては、直接使用していないが、準拠して議論を進めたつもりである。

＊4
　＊2のラッセルのパラドックスは、全ての集合の集合が存在するとすれば、矛盾が起こるということになる。これはこの集合をXとすると、Xも集合であるからXはXを含んでいなければならない。ところが自身を含む集合は存在しないのであるから、Xは存在しない、あるいはXは集合ではない、というパラドックスである。

　無限公理を仮定すれば、全ての有限集合の集合は、この公理によって存在するとされる集合になる。この集合を無限集合とし、有限集合と同様に無限集合が定義されるとすれば、全ての有限集合の集合は無限集合になり、集合に階層が存在することになる。有限集合は無限集合として空集合であるから、全ての集合というのは一つの階層の全ての集合になる。この集合は次の階層の空集合になる。
　‘全ての有限集合の集合’は無限集合になり、‘全ての無限

集合と全ての有限集合'の集合は'全ての無限集合'の集合であり、超無限集合になる。集合は階層で閉じているので、階層毎に独立して、全ての集合の集合が存在するのである。

おわりに

　数学の無限を構成できたが、現在の無限のモデルに対して、シンプル過ぎると思われるであろう。順序数と濃度に分けて議論する必要もないし、無限集合で扱いにくい集合は可算無限集合しかない。何故なら他の無限集合は有限集合と同じであり、単にその単位となる大きさが異なるだけだからである。

　従って、選択公理も当然成り立ち、連続体仮説に関しても解決できる。何だか面白みがない無限集合論になってしまった気もする。然しながら、これが数学の無限であると断言できる。このような無限が実際に存在するのか、という疑問は当然であり、なかなか想像しがたいが、無限小の世界は現実に見ることが出来るのかもしれない。数学の有限と無限は相対的であり、ある階層の集合を有限とすれば、その下の階層が無限小、上の階層が無限というように何が有限であるかというのは分からない。無限小の階層を有限だとすれば、我々は無限の階層に居ることになる。

　量子の世界は限りなく小さな世界に広がっている。分子は原子という物質の集まりだと思えるが、原子は単に物質の集まりではなく、空間のようなイメージがある。物質と空間の関係も定かではないが、このような分野に数学の無限が関わっているのか、といった考察も面白そうだと思われる。

このような考察は数学の世界ではないのかもしれないが、数学はもともと現実の世界から抽出された学問であり、孤高の学問ではないはずである。ただ、数学の世界が高度化することにより、専門化が進み、一人の力では全体を見渡すことが出来なくなってきているのは確かであろう。今後は、基礎を固めることと同時に、現実の考察である物理や他の科学者との、チームワークが重要になってくるのではないかと思う。

　素人がとんでもないことを言っているという自覚はあるが、無限を調べるにあたり、数学の基礎的な定義や、命題を改めて考えてみると、疑問に思えることがいろいろ出てきた。例えば、ＮからＮへの関数をＮから自身への関数と区別する必要があることや、演算と関数の違い、実数とは何か、複素数とは何か、などなど、あいまいな定義や考察が多いことに気づかされた。いずれも数学を学び始めるときに、一旦は疑問に思うことであるが、何となく納得させられてきた事項のようにも思える。負の数×負の数が正の数になることが、教師の説明では納得できず、数学を嫌いになった人もいるそうだが、このようなことに疑問を持てる人は、本来数学の専門家としての素質が十分あるのではないかと思う。何故なら、数学はもともと物事の本質を見つけ出すことで発展した学問であると思うからである。

　数学が異常に高度化しているのは確かであり、その中で重

要な成果もあると思うが、一旦立ち止まり、基礎を見直すことが重要な時期ではないだろうか。数学の世界にこのような問題提起をしたい。

蛇足になるかもしれないが、最後に論理学に関する疑問点を挙げておきたい。これはラッセルやゲーデルのような論理学者に対する疑問である。

論理に関する疑問をいくつか挙げる。

自己言及のパラドックス。命題論理。論理によって命題の真偽が判定できるのか？　論理は単に推論の法則であり、真偽と呼ぶのには抵抗がある。

▪ 自己言及のパラドックス

これはパラドックスではなく、論理的には何の問題もない。

クレタ人が「クレタ人は嘘つきだ」と言った。この命題をAとする。

クレタ人は嘘つきである。この命題をBとする。

クレタ人は正直者である。この命題をCとする。

前提条件として「嘘つきは、嘘しか言わない」、「正直者は、嘘を言わない」、「クレタ人は、嘘つきか正直者のどちらかである」

AならばB、だと仮定すると、NotB、即ちCになり、AならばC、だと仮定すると、NotC、即ちBになる。

従って、命題AからBという命題もCという命題も論理的に導くことが出来ない。即ち、AならばB、AならばC、という論理式は成り立たない。

　クレタ人が「クレタ人は嘘つきだ」と言っても、「クレタ人は嘘つきだ」とも「クレタ人は正直者だ」とも言えない（論理的に導くこと、あるいは証明が出来ない）。

　クレタ人が、「クレタ人は正直者だ」と言った。この命題をAとすると、AならばB（NotC）も、AならばC（NotB）も論理式として成り立つ。

　然しながら、AならばBおよびNotB、AならばCおよびNotC。従って、AからBもCも導くことは出来ない。

　クレタ人が「クレタ人は正直者だ」と言っても、「クレタ人は嘘つきだ」とも「クレタ人は正直者だ」とも言えない（論理的に導くこと、あるいは証明が出来ない）。

▪ 命題論理
　AならばB、とNotAまたはBという命題が、命題論理として同じである。

　この主張は全く理解できない。

　AならばBは、命題Aから命題Bを論理的に導く（証明する）ことが出来る（定理）か、公理のように仮定として前提条件にするかいずれかでなければならない。

　AとBに因果関係が無ければ、やはりAからBを論理的

に導くことは出来ない、あるいは A から B も NotB も導く
ことが出来るのであれば、A ならば B にはならない。

　A が偽であれば、B がどんな命題であっても真である、と
言われることがあるが、これは全くおかしな論理である。そ
もそも論理は真偽とは無関係である。
　論理を考えるとき、命題 A が真であるとか偽であるとか
いう、真偽は意味がない。A を仮定すると B を論理的に導
くことが出来るとき、A ならば B である。NotA を仮定して
C を論理的に導くことが出来れば、NotA ならば C である。
　A ならば B の対偶は、NotB ならば NotA である。
　何か命題 A があると、この命題を仮定したときに、B と
いう命題を導くための推論の法則、または規則が存在するの
であれば、A ならば B であるとして、仮定 A から B が証明
できると言える。対偶が成り立つのは、A でなければ NotA、
B でなければ NotB、が必ず成り立つという前提条件がある
ときである。

補足　集合論の基本的な定義、定理

1. 和集合　A∪B
定義

$A \cup B = \{x : x \in A \text{ または } x \in B\}$

定理

$A \subseteq A \cup B、B \subseteq A \cup B$

$A \subseteq C、B \subseteq C \text{ ならば}、A \cup B \subseteq C$

$B \subseteq A \text{ ならば}、A \cup B = A$

$A \cup B = A \text{ ならば}、B \subseteq A$

$A \cup B = B \cup A$

$(A \cup B) \cup C = A \cup (B \cup C)$

$\cup_{n=0}^{k} A_n = A_0 \cup A_1 \cup A_2 \cup \cdots\cdots \cup A_k$　とする。

$\cup_{n=0}^{\infty} A_n = A_0 \cup A_1 \cup A_2 \cup \cdots\cdots \cup A_n \cup \cdots\cdots$

2. 共通部分　A∩B
定義

$A \cap B = \{x : x \in A \text{ かつ } x \in B\}$

定理

$A \cup B \subseteq A、A \cap B \subseteq B$

$C \subseteq A、C \subseteq B \text{ ならば}、C \subseteq A \cap B$

$B \subseteq A \text{ ならば}、A \cap B = B$

$A \cap B = B \text{ ならば}、B \subseteq A$

$A \cap B = B \cap A$

$(A \cap B) \cap C = A \cap (B \cap C)$

$\cap_{n=0}^{k} A_n = A_0 \cap A_1 \cap A_2 \cap \cdots\cdots \cap A_k$　とする。

$\cap_{n=0}^{\infty} A_n = A_0 \cap A_1 \cap A_2 \cap \cdots\cdots \cap A_n \cap \cdots\cdots$

３．∪と∩の関係
定理

$A \cup (B \cap C) = (A \cup B) \cap (A \cap C)$

$A \cap (B \cup C) = (A \cap B) \cup (A \cap C)$

４．差集合　A−B
定義

$A - B = \{x : x \in A \text{ かつ } x \notin B\}$

定理

$A - B \subseteq A$、$B - A \subseteq B$

５．補集合
定義

B が A の部分集合であるとき、A−B を、B の A に関する補集合といい B^c とする。

定理

$A \supseteq B$ ならば、$A - (A - B) = B$

6．ド・モルガンの定理

$A - (B \cup C) = (A-B) \cap (A-C)$

$A - (B \cap C) = (A-B) \cup (A-C)$

7．集合族

定義

要素が集合であるような集合を集合族という。

特に集合 A の部分集合全体からなる集合族を、A のべき集合 $P(A)$ という。

8．積集合

定義　順序組

集合 A と B の要素によって作られた要素の組を順序組という。

$a \in A$、$b \in B$ に対して $(a、b)$ を順序組といい、次の性質を持つ。

$(a、b) = (a'、b') \Leftrightarrow a = a'$ かつ $b = b'$

定義　積集合

集合 A、B から作られる全ての順序組を要素とする集合を積集合 A×B という。

$A \times B = \{(a、b) : a \in A、b \in B\}$

定理

$A \times (B \cup C) = (A \times B) \cup (A \times C)$

$A \times (B \cap C) = (A \times B) \cap (A \times C)$

$(A \cup B) \times C = (A \times C) \cup (B \times C)$

$(A \cap B) \times C = (A \times C) \cap (B \times C)$

$\Pi_{n=0}{}^{k} A_n = A_0 \times A_1 \times A_2 \times \cdots \cdots \times A_k$　とする。

$\Pi_{n=0}{}^{\infty} A_n = A_0 \times A_1 \times A_2 \times \cdots \cdots \times A_n \times \cdots \cdots$

9．集合のべき乗

定義　配置集合

集合 B から集合 A への関数全体の集合を、A の上の B の配置集合とし、A^B とする。

定理

$|A| = n$、$|B| = m$ とすると、$|A^B| = |A|^{|B|}$

特に $\Pi_{n=0}{}^{k} A_n$ で、全ての n に対して、$A_n = A$ であれば、この集合を A^k とする。

この集合は $\{0、1、2、\cdots\cdots、k{-}1\} \to A$ の関数全体の集合になる。

$\Pi_{n=0}{}^{k} A = A \times A \times \cdots \cdots \times A$（k 個）$= A^k$ である。

10. 順序集合（全順序集合）
定義
集合の要素の間に必ず順序関係が存在するとき、この集合を順序集合という。

順序関係とは、集合 A の任意の要素 x、y に対して必ず $x < y$、$x = y$、$x > y$ のいずれかの一つ、しかも唯一つの関係が存在する事、及び任意の要素 x、y、z に対して、$x < y$、$y < z$ ならば $x < z$ である。このとき $<$ を順序という。

11. 整列集合
定義
順序集合で、最初の要素（順序を大きさとすると、最小の要素）が存在する集合を整列集合という。

12. 同型
定義
集合 A と B の間に 1 対 1 対応の関数が存在するとき、A と B は同型であるという。

13. 順序同型
定義
集合 A と B にそれぞれ順序が定義されているとき、A と B の間に 1 対 1 対応の関数が存在し、その関数が順序関係を保つとき、A と B は順序同型という。

山本　泉二（やまもと　せんじ）

情報通信会社顧問

数学の無限

カントールの無限を超えて

2021年8月24日　初版第1刷発行

著　　者　山本泉二
発行者　中田典昭
発行所　東京図書出版
発行発売　株式会社 リフレ出版
　　　　　〒113-0021　東京都文京区本駒込3-10-4
　　　　　電話 (03)3823-9171　FAX 0120-41-8080
印　　刷　株式会社 ブレイン